JN103873

はじめに

C分類のプログラミング体験で
「あそび」のなかにある「学び」の本質をつかもう

　2020年、プログラミング教育が必修となり、全国の小学校で子どもたちがプログラミング体験をはじめます。新しい教科書にも5年生の算数と6年生の理科には、学習指導要領で例示されたプログラミングが掲載されます。

　しかし、文部科学省が2018年11月に公表した「プログラミング教育の手引き（第二版）」は、学校が裁量の時間で扱うことのできるプログラミング（C分類）を前面に打ち出しました。そこでは教科の特質にとらわれず、子どもたちの興味・関心や学校の実態に即して実施できるプログラミング体験の在り方が示されています。

　本シリーズ「プログラミングであそぶ！」は、まさにこのC分類でのプログラミング体験を学校現場の実情に合わせて実施できるよう、アンプラグド、バーチャル、フィジカルコンピューティングという分類で、その内容と活動を紹介しました。何より、先生が教科で実施する煩わしさに苛まれることなく、子どもたちの楽しい体験を拓けるよう、場の設定と展開のしかたを提案しています。すべて前原小学校で実施したプログラミング授業をベースに構成していますので、子どもたちが楽しめることは請け合いです。

　本シリーズで紹介したプログラミング体験は、子どもたちにとってはまさに「あそび」です。しかし「あそび」のなかに「学び」の本質があります。プログラミングはコンピューターとの対話による表現活動ですから、決して勉めて強いる（勉強させる）ものではありません。コンピューターを介してTinkering（試行錯誤）する体験を楽しみながら、個性的な「学び」を友だちと一緒に磨き、Grit（やり抜く力）を育んでいくことが大事です。自由な発想のなかで生まれる子どもの気づきや協働はまさに砂場あそびであり、アクティブラーニングです。

　プログラミングの概念やコンピューターのしくみなどを、低学年向けに絵と平易な文で説明してきたふたつのシリーズ（「アルゴリズムえほん」「プログラミングえほん」）を受け、本シリーズは中学年以上の子どもたちが取り組みやすいように構成しました。活動を1時間～6時間の扱いでまとめてありますので、学期末やさまざまな工夫で裁量の時間を確保できると考えます。

　本シリーズで紹介したプログラミング体験はわずかですが、これをきっかけに、子どもたちがプログラミングに興味をもち、21世紀のリベラルアーツであるSTEAM教育の端緒をつかんでいくことを祈念しています。

合同会社MAZDA Incredible Lab 代表
東京都小金井市立前原小学校　前校長　　松田　孝

文部科学省
プログラミング
教育の手引き

C
分類に対応

プログラミングであそぶ！

3

6コマ授業で
ぐんぐんできるプログラミング

監修
松田 孝

フレーベル館

プログラミングの楽しさをあそびながら知ろう！

学校の教科にからんだ
A分類
B分類

教科にからまない
C分類

クラブ活動などの
D分類

学校でいろいろな教科を学ぶときにプログラミングをするのではなく、教科とは別のC分類＊の活動として、プログラミングで楽しくあそんでみよう。

プログラミングの
学習活動の分類▶

＊文部科学省による小学校段階のプログラミングに関する学習活動の分類は、A〜Fの6つに分けられる。学習指導要領に例示されている各教科のプログラミング活動がA分類、例示はないが各教科に結びついた活動がB分類、各教科とは別に実施する活動がC分類。D分類はクラブ活動など、E分類は校内イベントなど、F分類は校外イベントなど。

●●●この本でしょうかいするあそび●●●

この本では、コンピューターを使ったいろいろなプログラミングのあそびをしょうかいしているよ。画面の中でキャラクターを動かしたり、ゲームを作ったりしてあそぶだけでなく、モーターやセンサーを使って、じっさいにロボットを動かすことにもちょうせんしてみよう。

バーチャル

バーチャルとは、じっさいにはないけれど本物のように作った仮想のものや空間のことで、たとえばコンピューターで作られたゲームなど。インターネットにつながる環境さえあればすぐにあそべる。ゲームをするだけでなく、自分でプログラミングして、かいた絵を動かしたりオリジナルゲームを作ったりすることもできるよ。

フィジカルコンピューティング

フィジカルコンピューティングとは、人とコンピューターをいろいろなセンサー＊技術で結びつけるしくみや方法のこと。自分の作ったプログラムでロボットを思い通りに動かしてみよう。3巻では、光センサーやタッチセンサーを使った発明品を考えたり、小さなコンピューターでドローンをそうじゅうしたりしてあそぶよ。

＊センサー：音や光、スピードの変化などを測って信号に変える装置。

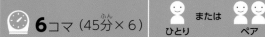
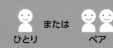

6コマ（45分×6） **ひとり** または **ペア**

HackforPlayで
ゲームを作る

1コマ目 見本のゲームであそぼう

2～4コマ目 オリジナルゲームを作ろう

5～6コマ目 作ったゲームであそぼう

プログラミングでゲームが作れるオンラインツール。
自分でプログラムを書きかえて、ステージの設定や
キャラクターの強さなどを決めよう。

使うツール HackforPlay（→30ページ）

用意するもの パソコン（ひとり～ふたりに1台）

じゅんび インターネット環境を用意しておく。

1コマ目 見本のゲームであそぼう

まずは見本のゲーム「はじまりのぼうけん」であそんでみよう。
プログラムを書きかえながらステージを進み、ゲームをクリアするよ。
どんなプログラムでゲームが作られているかを知ろう。

HPは体力、ATKはこうげき力。てき
にこうげきされるとHPがへっていく。
HPが0になるとゲームオーバー。

①「あそびかた」を選び、「はじま
りのぼうけん」のゲームスター
トボタンをおす

②プレイヤーのせいべつを選ん
でゲームをはじめる。キャラ
クターを画面の右へ動かすと
次のステージへいどうできる

キャラクターやアイテ
ムの位置は（●,●）
という数字（座標）で
あらわす。数字はマ
ウスの矢印をあてる
と表示されるよ。

いどう

こうげき

キャラクターの動きは、
キーボードでそうさする。

どうする？

てきのHPが大きすぎて
たおせそうにない……

画面右上の「魔道書」を
クリック*してみて！
プログラムを書きかえる
方法を教えてくれるよ

*マウスの矢印をあてて選ぶこと。

魔道書

HPを書きかえ！
てきの体力を、小さい数字に書きかえよう。

青色のボススライムのたいりょく に入れる
`blueSlimeBoss.hp =` `100000`

青色のボススライムのたいりょく に入れる
`blueSlimeBoss.hp =` `1`

「100000」の
HPを「1」に
書きかえる

🔊 指導のアドバイス HackforPlay のプログラムは、JavaScript（1995 年に開発されたテキストプログラミング言語）で書かれているのが特徴。実際にWeb
サイトやアプリケーションの開発に使われているプログラミング言語にふれる、よい機会としよう。

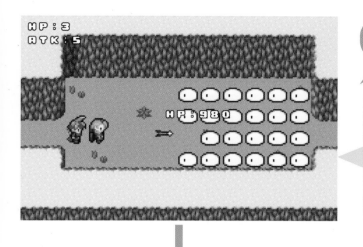

たくさんのてきをたおすのに
時間がかかってしまう……　どうする？

ＡＴＫを書きかえ！
自分のこうげき力を、大きい数字に書きかえよう。

プレイヤーの こうげきりょく に入れる
player.atk ＝ 　5

プレイヤーの こうげきりょく に入れる
player.atk ＝ 　1000

「5」のATKを
「1000」に
書きかえる

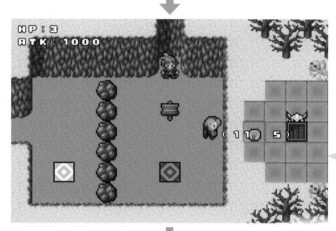

地下への入り口がある
場所までいどうしたい……　どうする？

プレイヤーの位置を書きかえ！
位置の数字を書きかえて、いどうしよう。

プレイヤーの いち
player.locate(7 , 2)

プレイヤーの いち
player.locate(11 , 5)

いどうしたい
場所の数字に
書きかえる

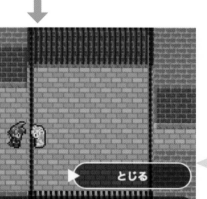

プリンセスを
外に出したい……　どうする？

プリンセスの位置を書きかえ！
位置の数字を書きかえて、いどうしよう。

プリンセスの いち
princess.locate(7 , 3)

プリンセスの いち
princess.locate(? , ?)

どう
書きかえる？

たすけたプリンセスが
また、さらわれてしまった！

ＨＰとＡＴＫを書きかえて、
てきのボスをたおそう！

ゲームクリア おめでとう！
つぎは なにをしますか？

自分のステージをつくる

もういちどあそぶ

クリアできたら
「自分のステージを
つくる」であそぼう！

オリジナルゲームを作ろう

「はじまりのぼうけん」をクリアしたら、次は自分でステージやアイテム、
てきのキャラクターなどを設定して、ゲームを作ってみよう。

1 ユーザー登録をする

作ったゲームをほぞんするには、ユーザー登録がひつよう。それぞれのパソコンでログインして登録しよう。

＊登録は、かならずおとなといっしょにしよう。

①タイトルバーの右上の「ログイン」を選ぶ

②「Googleでログイン」を選び、ひつような情報を打ちこむ

③「プロフィールを編集する」を選ぶと、ユーザー名を「guest」から好きな名前に変えられる。本名ではなく、出席番号やペンネームなどで登録するとよい

プロフィールを編集

2 どんなゲームにするか考える

ひとりまたはペアで、どんなゲームを作るか考えよう。タイトルバーの「みんなのステージ」にはいろいろな人が作った作品がしょうかいされていて、あそぶと参考になるよ。

ぬすまれた宝をぜんぶ見つけてプリンセスにとどけるストーリーはどう？

いいね！

てきからにげながらコインを集めるゲームにしよう！

ステージはいくつ作ろうか？

てきよりも速いスピードでにげられたほうがいいよね

🔊 指導のアドバイス　HackforPlay のユーザー登録には、Google アカウント（Google のサービスにアクセスするための権利）が必要。授業用のアカウントをひとつ作っておき、全員がそのアカウントでログインするとよい。

3 ステージを作る

まずは、ゲームのぶたいとなる「ステージ」を作ろう。ここでは3つのステージを作る方法をしょうかいするよ。

① 「ログイン」ボタンの横の「ステージをつくる」を選び、ゲームを作る画面を開く

左がゲーム画面で、右がプログラミング画面。右の画面にプログラムをふやしたり書きかえたりして、ゲームを作っていくよ。

② プログラミング画面の上のプレイヤーのアイコンを選び、「＋プレイヤーについか」→「みため」からキャラクターを選ぶ。「つくられたとき」を選んで「＋コードをついか」をおすと、キャラクターが設定される

● 自分のキャラクターを選ぶ

③ ホーム画面にもどり、「＋ステージについか」→「もの」から「くだりかいだん」を選ぶ。「ゲームがはじまったとき」を選んで「＋コードをついか」をおすと、ゲーム画面にかいだんがあらわれる

● mapをふやす

④ キーボードでプレイヤーを動かし、かいだんのところへいくとmap2へいどうできる。「map2のはいけいをかえる」から好きな背景を選ぼう

⑤ プログラミング画面に表示されたかいだんの位置を、好きな場所に書きかえる

画面にかいだんがあらわれ、map2が作られる

```
rule.つくる('くだりかいだん', 10, 2, 'map1')
rule.つくる('くだりかいだん', 13, 0, 'map2')
```

map1

map3も同じように作ってみよう！

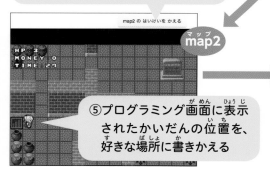

map2

map2

「ヒント」の「よくある質問」を見ると、できることや、そのやり方がわかるよ！

⑥ かいだんは「石のかいだん」や「かくしかいだん」を置いてもOK。背景はmap1、2、3ですべて変えると、ステージのちがいがわかりやすい

map3

```
rule.つくる('石のかいだん', 14, 3, 'map2')
rule.つくる('石のかいだん', 1, 5, 'map3')
```

あそびのヒント 背景は、用意されたものから選ぶだけでなく、自分で作ることもできるよ。

4 ゲームを作りこむ

ステージができたら、モンスターやアイテムを map に置いて、さまざまな設定をし、ゲームを作りこもう。

●モンスターやアイテムをmapに置く

ホーム画面の「＋ステージについか」で、「キャラクター」や「もの」から好きなものを選び、「＋コードをついか」で map に置く。

モンスターの位置やHPを変えるには……

ここを書きかえる

モンスターやアイテムのmap上での位置や、置くmapを変えたいときは、ホーム画面の数字を書きかえる。

ここを書きかえる

モンスターのHPやATKを変えたいときは、モンスターのアイコンを選び、「中身を見る」からHPやATKの数字を書きかえる。

●ゲームクリアの方法を決める

はじめは、「プリンセスに会うとゲームクリア」の設定になっている。この設定は、「モンスターをたおすとゲームクリア」などに変えることもできるよ。

［方法１］ プリンセスに話しかける

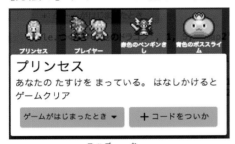

プリンセスを map に置く。

プリンセスに会うとゲームクリア！

［方法２］ モンスターをたおす

モンスターのアイコンを選び、「ついか」→「システム」→「ゲームクリア」から「たおされたとき」を選んで「＋コードについか」をする。

モンスターをたおすとゲームクリア！

ボスキャラは強くしたいな！

かんたんにクリアできないほうが、ゲームが楽しくなりそうだね

●かんばんに言葉を書く

「かんばん」にゲームのヒントなどを書いて、表示することができる。

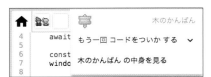

かんばんの「中身を見る」から、かんばんの文字を書きかえる。

ここを好きな言葉に書きかえる

かんばんにぶつかると、言葉が表示されるよ！

●たからばこの中にものを入れる

「たからばこ」の中に「かぎ」や「ほうせき」などを入れることができる。

たからばこの「中身を見る」→「ついか」→「もの」から好きなアイテムを選び、「＋コードについか」をする。

たからばこにこうげきすると、かぎが出てくるよ！

5〜6コマ目　作ったゲームであそぼう

2〜4コマ目で作ったゲームをHackforPlayのwebサイト上で公開し、友だちの作ったゲームであそんでみよう。

1 友だちのゲームであそぶ

友だちの作ったゲームで自由にあそぶ。おもしろいと思ったところや、気づいたことを、おたがいに伝え合おう。

すぐにクリアできちゃった！

やったね！

うわってきがいっぱい！

次、ぼくもやりたい！

プリンセスの前のモンスターを、もっと強くしようかな

かんばんにヒントが書いてあるんじゃない？

2 ゲームをかいぞうする

友だちにあそんでもらって、「もっとこうしたらおもしろくなる」と気づいたら、プログラムをその場で書きかえてゲームをかいぞうしよう。

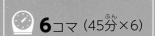
micro:bitで
発明品＆無線通信

LED ライトやセンサー、無線アンテナがついた
小さなコンピューター micro:bit を使って、
わくわくするあそびを考えよう。

1～2コマ目	いろいろなプログラムを作ろう
3～4コマ目	発明品を作ろう
5～6コマ目	無線通信であそぼう

使うツール　micro:bit　（➡30ページ）

用意するもの　パソコン（グループに1台以上）など*

じゅんび　インターネット環境を用意しておく。

＊くわしくは 31、34 ページを参照。

1～2コマ目　　いろいろなプログラムを作ろう

まずは micro:bit でできることを知るために、かんたんな
プログラムを作って実行してみよう。

1 プログラミングのじゅんび

micro:bit をパソコンにつなぎ、
プログラミングのじゅんびをする。

①micro:bitのWebサイト
を開き、「はじめよう」
から「クイックスター
ト」を選ぶ

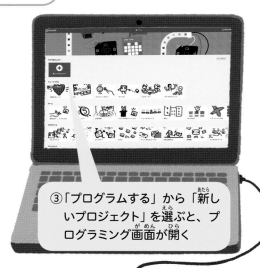

③「プログラムする」から「新し
いプロジェクト」を選ぶと、プ
ログラミング画面が開く

②micro:bitをケーブルで
パソコンにつなぐ

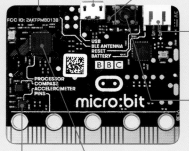
micro:bit

---

micro:bitの説明

無線アンテナ
ほかのmicro:bitと
無線通信する。

USB用コネクター
パソコンをつなぐ。

かくにん用LED
データを読みこむとき
に光る。

ボタンスイッチ
AとBのボタンがある。

LED・光センサー
25このLEDが赤く光る。
まわりの明るさをはか
る光センサーとしても
使える。

**電池ボックス用
コネクター**
電池ボックスをつなぐ。

リセットボタン
実行中のプログラムを
リセットする。

入出力たんし
タッチセンサーとして
使ったり、スピーカー
をつなげたりする。

電げん・グランドたんし
動かすために電気のや
りとりをする。

加速度センサー
速さやかたむきを
はかる。

プロセッサー・温度センサー
プログラムを実行する。まわりの温度
をはかる温度センサーとしても使える。

2 LEDを光らせる

25このLEDを、好きな形に光らせてみよう。光を点めつさせたり、ローマ字で名前を表示させたりできるよ。

①基本のブロックから「LED画面に表示」を選び、「ずっと」の中に入れて、好きな形をえがく

②光を点めつさせる場合は、①の下に「LED画面に表示」をもうひとつ入れる（マスは選ばない）

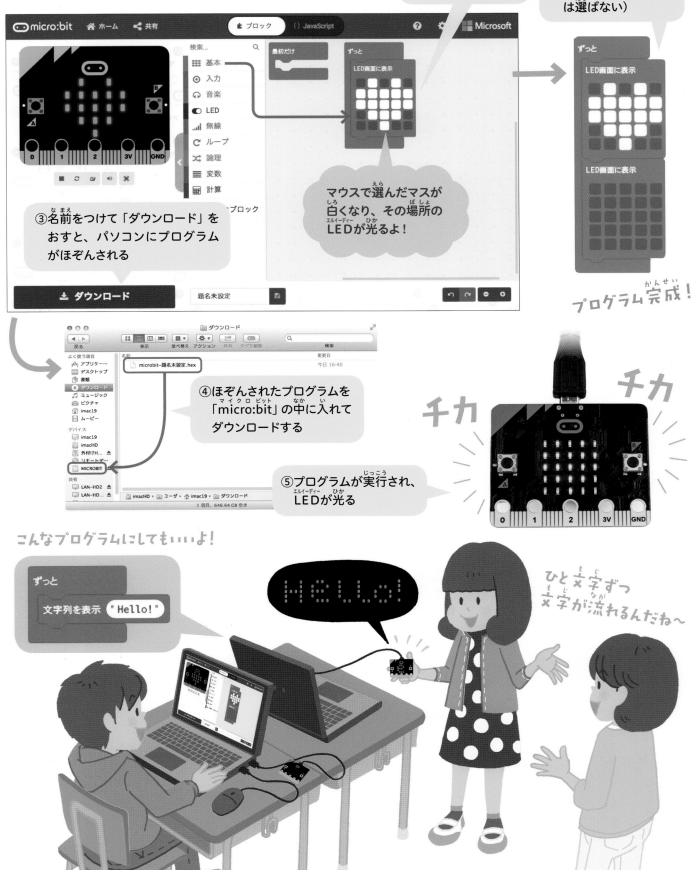

③名前をつけて「ダウンロード」をおすと、パソコンにプログラムがほぞんされる

マウスで選んだマスが白くなり、その場所のLEDが光るよ！

プログラム完成！

④ほぞんされたプログラムを「micro:bit」の中に入れてダウンロードする

⑤プログラムが実行され、LEDが光る

チカ　チカ

こんなプログラムにしてもいいよ！

ずっと
文字列を表示 "Hello!"

ひと文字ずっ文字が流れるんだね〜

3 タッチセンサーを使う

ふたりで手をつないで micro:bit を持ち、相性を数字で表示する「ラブメーター」を作ってみよう。

① 入力のブロックから「端子P0がタッチされたとき」を選んで置く
② 基本のブロックから「数を表示」を選んで、①の中に置く
③ 計算のブロックから「0から10までの乱数*」を選んで、②の中に置く

＊乱数：次に何が出るかわからない、順番にならんでいない数字。

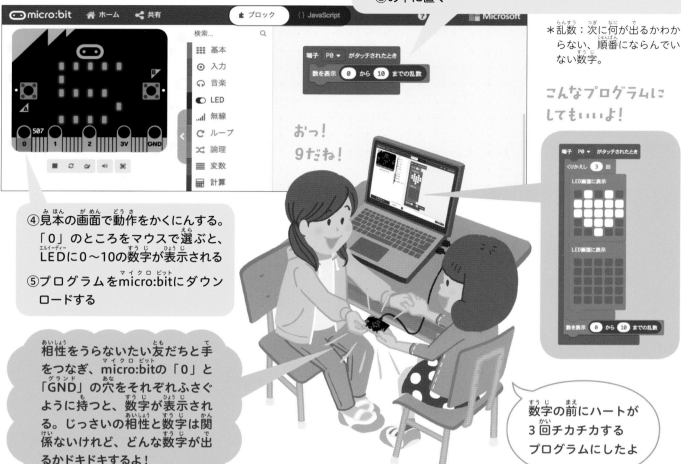

おっ！9だね！

こんなプログラムにしてもいいよ！

④ 見本の画面で動作をかくにんする。「0」のところをマウスで選ぶと、LEDに0〜10の数字が表示される
⑤ プログラムをmicro:bitにダウンロードする

相性をうらないたい友だちと手をつなぎ、micro:bitの「0」と「GND」の穴をそれぞれふさぐように持つと、数字が表示される。じっさいの相性と数字は関係ないけれど、どんな数字が出るかドキドキするよ！

数字の前にハートが3回チカチカするプログラムにしたよ

4 光センサーを使う

まわりが暗くなったら LED が光るようにプログラミングしてみよう。

① 論理のブロックから「もし<真>なら〜でなければ」を選び「ずっと」の中に入れる。「0＜0」を選び<真>のところに入れる
② 入力のブロックから「明るさ」を選び左側の「0」のところへ入れ、右側の「0」を「20」に書きかえる
③ 基本のブロックから「アイコンを表示」を選んで「もし」の下に入れ、「表示を消す」を選んで「でなければ」の下に入れる

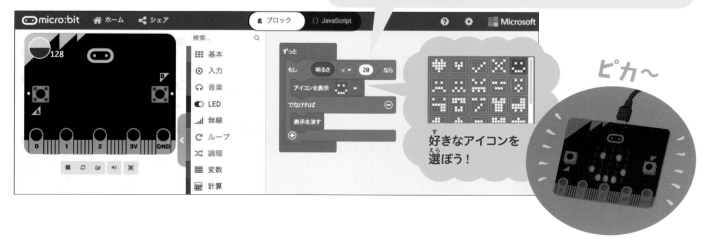

好きなアイコンを選ぼう！

ピカ〜

あそびのヒント　光センサーのブロック「明るさ＜ 20 なら」の「20」のあたいを変えると、「まっ暗になるとつく」「うす暗くなるとつく」など、LED のつき方が変わるよ。試してみよう。

5 加速度センサーを使う

micro:bit をふると LED の数字がふえていく
プログラムを作ろう。

① 入力のブロックから「ゆさぶられたとき」を選んで置く

② 変数のブロックから「変数を追加する」を選び、「回数」と
名前をつける。新しくできたブロック「変数回数を1だけ
増やす」を①の中に置く

③ 基本のブロックから「数を表示」を選んで②の下に置き、
変数のブロックから「回数」を選んで「0」のところへ置く

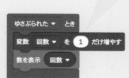

ふると数字がふえていく。
電池ボックスやボタン電池つきの
バングルモジュール（➡30ページ）
をつけると、パソコンから外してあ
そぶことができるよ！

2けたの数字を一度に表示するには

10から先の2けた以上の数字は、ふつう右から左へ、光が流
れながら表示される。一度に表示させるには、「拡張機能」で
2けた表示用の文字をついかしよう。

① 右上の歯車のアイコン
から「拡張機能」を選び、
「WhaleySansFont」
と入力し、フォント（文
字）をツールボックス
についかする

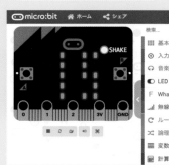

② WhaleySansフォントの
ブロックから「show a
whaleysans number」
を選び、「数を表示」の
かわりに「変数回数を1
だけ増やす」の下に置く

1分間で
何回ふれるか
競争だ！

よーい、どん！

テニスのラケットに
つけたら、
すぶりの回数を
数えられるかなあ？

100回で
星のマークが
光るように
しようよ！

1 2 3 4 5 6 ...

🔊 指導のアドバイス　加速度センサーを使ったプログラムは、「プログラミングえほん」シリーズ（フレーベル館）4巻20〜21ページでも紹介している。

micro:bit についているセンサーを使って
どんなことができるか考え、形にしてみよう。

1 作りたいものを考える

グループで作りたいものを話し合う。
「家や学校で役立つもの」「家族への
プレゼント」「みんなであそべるゲーム」など、
テーマを決めてアイデアを出し合おう。

> ゲームセンターに
> あるようなゲームを作って
> みんなであそびたい！

> 開くと音楽が流れる
> たんじょう日カードを
> 作って、家族を
> びっくりさせたいな

黒板：
マイクロビットの発明品
- 家で役立つもの
- 学校で使えるもの
- 家族へのプレゼント
- みんなであそべるもの

2 プログラミング＆せいさく

プログラムを作って micro:bit を動かしてみよう。
一からプログラムを考えるのはむずかしいので、
Web サイトのサンプルプログラムなどからアイデアを
ふくらませ、アレンジするのもおすすめ。

> 音楽が鳴っている間、
> 「HAPPY BIRTHDAY」の
> メッセージが光るように
> できないかな？

たんじょう日カードのプログラム

> 光センサーのかわりに
> 加速度センサーを使って、
> micro:bit の角度によって
> 音が鳴るようにもできそう！

> カードを開いて明るくなったら音楽が流れる、
> 光センサーを使ったプログラムだよ！

🔊 指導のアドバイス　入出力端子につなげるワニ口クリップケーブルや、スピーカーがついたバングルモジュールなど、必要な道具はあらかじめそろえて
おこう（➡くわしくは31ページ）。

ピコピコハンマーゲームのプログラム

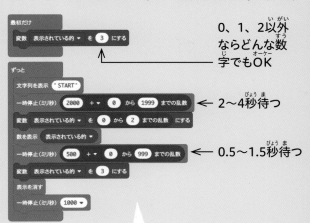

最初だけ
変数 表示されている的 ▼ を 3 にする

0、1、2以外ならどんな数字でもOK

ずっと
文字列を表示 "START"
一時停止(ミリ秒) 2000 + ▼ 0 から 1999 までの乱数 ← 2〜4秒待つ
変数 表示されている的 ▼ を 0 から 2 までの乱数 にする
数を表示 表示されている的 ▼
一時停止(ミリ秒) 500 + ▼ 0 から 999 までの乱数 ← 0.5〜1.5秒待つ
変数 表示されている的 ▼ を 3 にする
表示を消す
一時停止(ミリ秒) 1000 ▼

数を表示する前やあとの「一時停止」の時間を乱数にすることで、表示のタイミングがばらばらになり、ゲームがおもしろくなるよ!

ずっと
もし 端子 P0 ▼ がタッチされている なら
　もし 表示されている的 ▼ = ▼ 0 なら
　　アイコンを表示 ✓ ▼
　でなければ
　　アイコンを表示 ✗ ▼
　変数 表示されている的 ▼ を 3 にする
でなければもし 端子 P1 ▼ がタッチされている なら
　もし 表示されている的 ▼ = ▼ 1 なら
　　アイコンを表示 ✓ ▼
　でなければ
　　アイコンを表示 ✗ ▼
　変数 表示されている的 ▼ を 3 にする
でなければもし 端子 P2 ▼ がタッチされている なら
　もし 表示されている的 ▼ = ▼ 2 なら
　　アイコンを表示 ✓ ▼
　でなければ
　　アイコンを表示 ✗ ▼
変数 表示されている的 ▼ を 3 にする

0〜2の数字をタッチしたとき、micro:bitにそれと同じ数字が表示されていたら「✓」、されていなかったら「✗」のアイコンが表示されるよ!

タッチのし直しができないように、このブロックを入れる

ワニ口クリップケーブル

電池ボックス

アルミホイルをまく

0 1 2

ダンボール

ワニ口クリップケーブルを図のようにつないで、ハンマーでたたくと0〜2の入出力たんしとGNDに電気が流れるようにする。

がんばれ〜!

ピコピコハンマーゲーム

0 1 2

バンドはつけない

ボタン電池

0 1 2 3V GND

バングルモジュール*を取りつけたmicro:bitをカードの中に入れる。

こんなものも作れるよ！

サーボモーターやLEDテープなどを取りつければ、
micro:bitでこんなに楽しい発明品が作れるよ！

ツールボックスの「高度なブロック」→「入出力端子」から「サーボ出力する」を選び、回転の角度を入力してサーボモーターを動かす。

動くネコ耳

micro:bitのA、Bボタンで左右の耳のサーボモーターがそれぞれ動くよ！

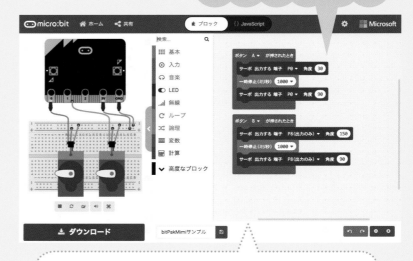

サーボモーターって？

モーターの回転をコントロールする部品。「動くネコ耳」を作るときは、これをふたつ使うよ。

光る剣

剣をぬくと、手元から先に向かってプログラミングした色に光るよ！

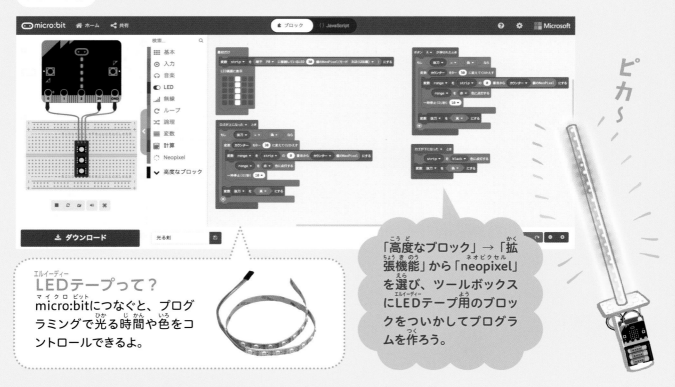

LEDテープって？

micro:bitにつなぐと、プログラミングで光る時間や色をコントロールできるよ。

「高度なブロック」→「拡張機能」から「neopixel」を選び、ツールボックスにLEDテープ用のブロックをついかしてプログラムを作ろう。

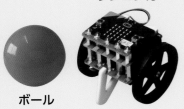

ロボットサッカー

二輪のタイヤで走るラジコンカーのサッカーゲーム。車とリモコン、それぞれに micro:bit を使い、無線通信で動かすよ！

ラジコンカー

ボール

リモコン

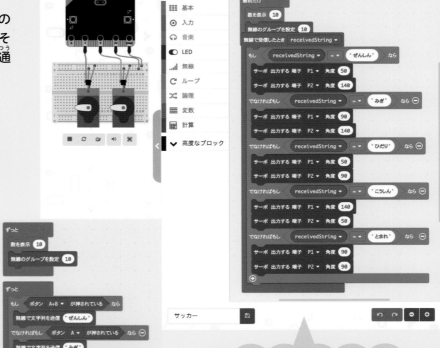

> リモコンのプログラム。まずは無線通信の送信設定をしてから、micro:bitのA、Bボタンで車の動きをコントロールするプログラムを作る。

> 車のプログラム。無線のグループをリモコンと同じ数字に設定し、受信したら動くようにする。タイヤの動きを細かく設定しよう。

いけ〜！

micro:bit の無線通信を使ってできることを知り、
いろいろなあそびを考えてみよう。

まずは送信側の
プログラムを作るよ！

1 無線通信でメッセージを送る

A ボタンをおすと相手の micro:bit に
メッセージが表示されるようにプログラミングする。

①無線のブロックから「無線のグループを
設定」を選び、「最初だけ」の中に置く
②入力のブロックから「ボタンAが押され
たとき」を選んで置く
③無線のブロックから「無線で数値を送
信」を選び、②の中に置く

「無線のグループ設定」を
同じ数字にすると
送受信できるんだね！

④ファイル名を「送信」とし、
送信側のmicro:bitにダウン
ロードする

次に受信側の
プログラムを
作るよ！

①無線のブロックから「無線のグループを設定」を選
び、「最初だけ」の中に置く
②無線のブロックから「無線で受信したとき received
Number」を選んで置く
③論理のブロックから「もし<真>なら」を選んで②
の中に置き、<真>のところに「0 = 0」を置く
④②の中の「receivedNumber」のブロックをドラッ
グ*して、「＝」の左側の0のところに置く
⑤基本のブロックから「文字列を表示"Hello!"」「表
示を消す」を選び、③の中に置く

*ドラッグ：マウスの左のボタンをおしたままマウス
を目的の場所まで動かすこと。ブロックをコピー・
いどうするのに使う。

おすよ〜

メッセージが
とどいた！

2 ふりふり無線通信

ふると相手の micro:bit にアイコンがうつるように
プログラミングする。

①無線のブロックから「無線で受信したとき
receivedNumber」を選んで置く

②基本のブロックから「アイコンを表示」を選
んで①の中に置き、好きなアイコンを選ぶ

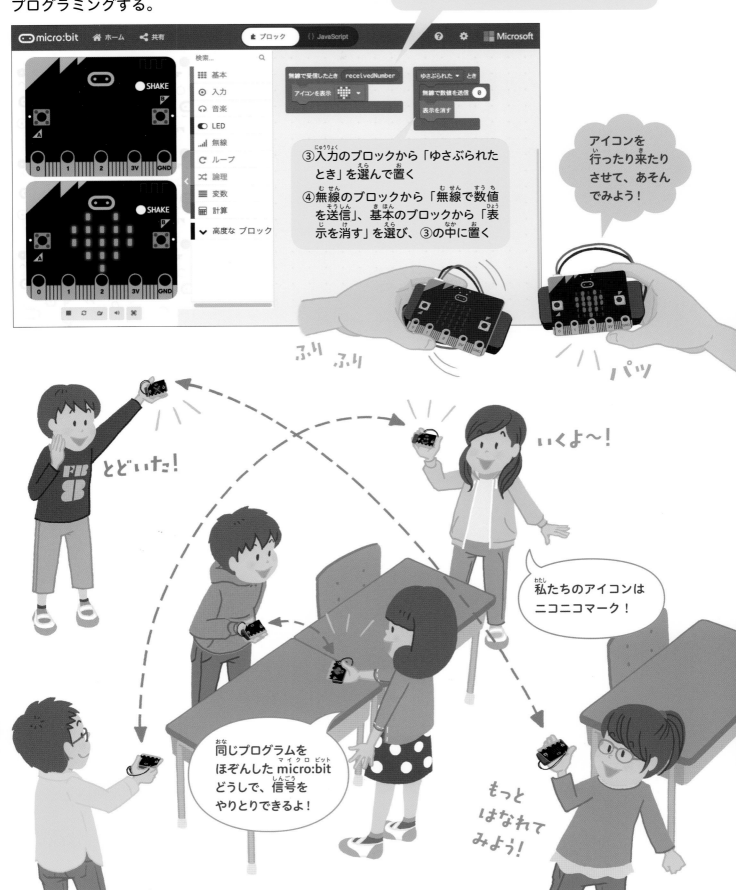

③入力のブロックから「ゆさぶられた
とき」を選んで置く

④無線のブロックから「無線で数値
を送信」、基本のブロックから「表
示を消す」を選び、③の中に置く

アイコンを
行ったり来たり
させて、あそん
でみよう！

とどいた！

いくよ〜！

私たちのアイコンは
ニコニコマーク！

同じプログラムを
ほぞんした micro:bit
どうしで、信号を
やりとりできるよ！

もっと
はなれて
みよう！

ふり　ふり

パッ

3 宝をさがせ！ゲーム

宝の micro:bit を持った人を無線通信でさがすゲーム。
ヒントを出す人を配置するなど、ゲームがおもしろくなる
ようにみんなでルールを考え、プログラムを作ろう。

ルール

● 宝の micro:bit を持った人（ひとり）を、教室の中から、早くさがし出す。

● ヒントのカードを使うと、宝の場所をしめすヒントがもらえる。

● 5〜6人ひとチームでさがす（宝の信号を受信する人と、ヒントをもらう人、それぞれ2〜3人）。

● ゲームがはじまったら、宝をさがすチームの人以外は、しゃべってはいけない。

宝のプログラム例

●宝（送信）

●手首につける（受信）

無線のグループを、宝（送信）と同じ数字に設定する

宝に近づくとLEDの光がふえていくプログラム

「宝」の目印となるシールをはる

バンドをつける

宝をさがす人が手首につける。宝に近づくとLEDの光がふえるよ。2〜3人分用意しよう。

宝をさがすチームが教室の外に出ている間に、だれが宝を持つか決めるよ。

宝の配置の例

宝の信号を受けとる人

宝をさがすチーム

ヒントをもらう人

宝を持った人

ほかの人はヒントを出す

ピカ〜

光がふえた！

こっちでもヒントを聞くよー！

指導のアドバイス　micro:bit の台数がクラスの人数分ないときは、ヒントを出す人をランダムに配置し、だれがヒントを出せるかわからないようにしても楽しい。

ヒントのプログラム例

●ヒントを出す（送信）

最初だけ
無線のグループを設定 1

ボタン A ▼ が押されたとき
無線で数値を送信 0

ボタン B ▼ が押されたとき
無線で数値を送信 1

ボタン A+B ▼ が押されたとき
無線で数値を送信 2

Aボタン

Bボタン

Aボタン、Bボタン、
A＋Bボタン（同時）を
おしてヒントを出す。

●ヒントをもらう（受信）

たてのヒント

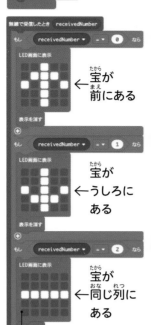

最初だけ
無線のグループを設定 1

無線で受信したとき receivedNumber
もし receivedNumber ▼ = ▼ 0 なら
LED画面に表示
→ 宝が前にある
表示を消す

もし receivedNumber ▼ = ▼ 1 なら
LED画面に表示
→ 宝がうしろにある
表示を消す

もし receivedNumber ▼ = ▼ 2 なら
LED画面に表示
→ 宝が同じ列にある
表示を消す

横のヒント

最初だけ
無線のグループを設定 1

無線で受信したとき receivedNumber
もし receivedNumber ▼ = ▼ 0 なら
LED画面に表示
→ 宝が左にある
表示を消す

もし receivedNumber ▼ = ▼ 1 なら
LED画面に表示
→ 宝が右にある
表示を消す

もし receivedNumber ▼ = ▼ 2 なら
LED画面に表示
→ 宝が同じ列にある
表示を消す

← どちらかをほぞんする →

ヒントをもらう人がうでにつけるよ。たてのヒントか横のヒント、どちらか選んで、プログラムをほぞんする。

●ヒントのカード

たての
ヒント

横の
ヒント

画用紙などで作る

自分がほぞんしたプログラムに合わせ、ヒントをもらう人がひとり1まい持つ。ヒントを出す人にわたし、micro:bitのボタンをおしてもらう。

ピッ

横のヒント教えて！

おーい、宝はまん中より右だよ！

パッ

⏱ **6**コマ（45分×6）　👥👥👥 グループ

IchigoDakeで
ドローンを飛ばす

1、2巻でもしょうかいした小さなコンピューター
IchigoDake を使って、Tello というドローン
（無人飛行機）を自由自在に飛ばしてみよう。

1～2コマ目	Tello を飛ばしてみよう
3～4コマ目	飛ばし方を工夫しよう
5～6コマ目	グループで発表しよう

使うツール
IchigoDake、IchigoIgaiスクールセット、
DakeJacket、FruitPunch、
Tello（ドローン）など（➡32ページ）

※ Tello を扱うときの注意点 は、巻末を参照ください。

1～2コマ目　Telloを飛ばしてみよう

ドローン「Tello」と IchigoDake を WiFi *でつなぎ、離陸、着陸、
ちゅう返りなどの動きをプログラミング・実行してみよう。

ブーン

* WiFi：無線でデータ
の送受信を行うネット
ワークシステム。

1 プログラミングのじゅんび

IchigoIgai スクールセットのキーボード、モニターに
2まいの基板（DakeJacket、FruitPunch）をつなぎ、
IchigoDake をさしてプログラミングのじゅんびをする。

●配線のしかた

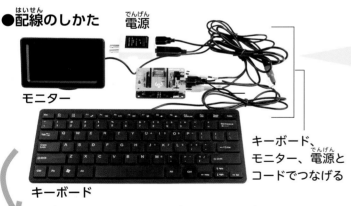

電源

モニター

キーボード

キーボード、
モニター、電源と
コードでつなげる

コードはキーボードの
下にしまえるよ！

DakeJacket、FruitPunch、IchigoDakeのつなぎ方

FruitPunch →

IchigoDake　　DakeJacket

TelloとWiFiで通信するための基板FruitPunchを
DakeJacketに重ねてから、IchigoDakeをさす。

FruitPunch のスイッチ
をオンにしてから、
DakeJacket のスイッチ
をオンにしてね。

モニター画面が
うつったら
じゅんびOK！

🔊 指導のアドバイス　Tello、FruitPunch、DakeJacket はクラスに 4～5 台、IchigoDake、IchigoIgai スクールセットはひとり～ふたりに 1 台準備し
ておくと、授業が進めやすい。

2 WiFiでつなげる

Telloの WiFi の番号をキーボードで
入力し、FruitPunch とせつぞくする。

WiFiの番号

①Telloの内側にあるラベルの
WiFiの番号をメモしておく

Tello と FruitPunch を
WiFi でつなげれば、
どんな場所でも
飛ばせるよ！

電池ボックス

②Telloに電池ボックスを
セットする

電源

③Telloの電源を入れ、カメ
ラ右上のLEDが黄色く点
めつするのを待つ

チカ チカ
チカ

●WiFiにつなげる

```
?"FP APC TELLO-●●●●●●"
```

④「?"FP APC TELLO-●●●●●●"」と打つ

スペース で空白　　WiFiの番号を　　Enter を打つ
　　　　　　　　　入れる

●うまくつながったとき

```
'................
'WiFi connected:192.168.10.2
'OK
```

数字が表示される

FruitPunch を使って
プログラムを書くときは、
「PRINT"FP ●●●"」
または「?"FP ●●●"」って
打つのが決まりなんだって

●失敗したとき

```
'................
'WiFi error.
'OK
```

※うまくつながらないと
きは、もう一度WiFiの
番号を入力し直してみ
よう。Telloの電源が
切れていないかどうか
もかくにんを。

WiFiじゅんび
OK！

ピカー パハ

緑のLEDが点めつして、
点灯に変わるよ！

●キーボードの説明

"（ダブルクォート）

Enter

Shift

スペース　：（コロン）　？（クエスチョン）

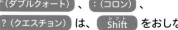

※ "（ダブルクォート）、：（コロン）、
？（クエスチョン）は、Shift をおしながら打つ

3 Telloを離陸・着陸させる

Telloにコマンド（命令）を送るためのプログラムを作る方法をしょうかいするよ。
まずは離陸と着陸をマスターしよう。

まずは「?"FP QRUN"」と打って実行！

①離陸　②着陸

● ①離陸→②着陸

```
?"FP QRUN"
```

Telloを飛ばすきほんの命令だよ！

Enter で実行

● ①離陸→②50cm前へ進む→③50cmうしろへ進む→④着陸

```
?"FP QF 50":?"FP QB 50":?"FP QRUN"
```

前へ進む　コロン　うしろへ進む　離陸・着陸の実行

離陸・着陸がうまくできたら、ほかの命令を「?"FP QRUN"」の前に足してみよう！

こんなふうに書いてもいいよ

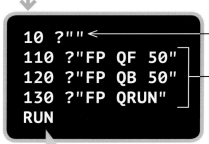

```
10  ?""
110 ?"FP QF 50"
120 ?"FP QB 50"
130 ?"FP QRUN"
RUN
```

プログラムのはじめに入れる

110、120……と行番号をつける

②前へ 50cm 進む

③うしろへ 50cm 進む

①離陸　④着陸

ブーン

うまくいった！

行番号をつけたときは、さいごに「RUN」と打って実行するよ！

※「10 ?""」のあと「110」に数字が飛ぶのは、「110」から先が「命令」だと、わかりやすくするため。「20、30……」と続けてもプログラムは実行できるよ。

プログラムのほぞん

頭に行番号をつけたプログラムは、ほぞんできるよ。

● プログラムをほぞんする

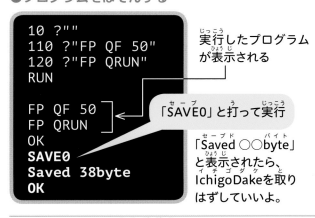

```
10  ?""
110 ?"FP QF 50"
120 ?"FP QRUN"
RUN

FP QF 50
FP QRUN
OK
SAVE0
Saved 38byte
OK
```

実行したプログラムが表示される

「SAVE0」と打って実行

「Saved ○○byte」と表示されたら、IchigoDakeを取りはずしていいよ。

● プログラムを出す

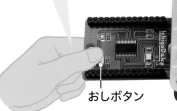

①IchigoDakeのおしボタンを指でおさえながら、DakeJacketにさしこむ

② 「SAVE0」でほぞんしたプログラムがすぐに実行される

おしボタン

24　●あそびのヒント　IchigoDakeにほぞんしたプログラムを実行するときは、FruitPunchとTelloがWiFiでつながっているかどうかを、まずかくにんしよう。

4 Telloをちゅう返りさせる

プログラムにちゅう返りの動きを入れてみよう。
動きが大きいので、ものや人にぶつからないよう
に広い場所で実行してね。

●①離陸→②うしろにちゅう返り→③着陸

```
?"FP QFL B":?"FP QRUN"
```
↑ うしろにちゅう返り　　離陸・着陸の実行

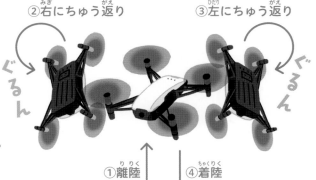

②うしろに
ちゅう返り

すごい！

①離陸　③着陸

ブーン

●①離陸→②右にちゅう返り→③左にちゅう返り
→（15秒くり返す）→④着陸

```
10 ?""
110 FOR I=1 TO 3
120 ?"FP QFL R"
130 ?"FP QFL L"
140 NEXT
150 ?"FP QRUN"
160 WAIT 900:?"FP QCLR"
RUN
```

← 3回くり返す（ここから）

← 3回くり返す（ここまで）

← 15秒待ってから
プログラムを
中止する

くり返す回数と、プログラム中止までの
秒数を変えれば、もっと長い時間、
同じ動きをくり返すよ！

②右にちゅう返り　　③左にちゅう返り

ぐるん　ぐるん

①離陸　④着陸

15秒たったら
着陸！

ブーン

きほんのコマンド（命令）

?"FP QRUN"	実行（離陸・着陸）
?"FP QCLR"	全消去（中止）
?"FP QU 50"	50cm上がる
?"FP QD 50"	50cm下がる
?"FP QR 50"	50cm右へ動く
?"FP QL 50"	50cm左へ動く
?"FP QF 50"	50cm前へ進む
?"FP QB 50"	50cmうしろへ進む
?"FP QTR 30"	30度右へ回転
?"FP QTL 30"	30度左へ回転
?"FP QFL R"	右にちゅう返り
?"FP QFL L"	左にちゅう返り
?"FP QFL F"	前にちゅう返り
?"FP QFL B"	うしろにちゅう返り

※ちゅう返りは、Telloのバッテリーが50％以上のこってい
　ないと実行できない。

※上下左右や前後のいどうは20～500cm、回転は1～360
　度までできる。

3～4コマ目 飛ばし方を工夫しよう

自分たちで飛ばし方を考えてプログラムを作り、実行してみよう。

1 いろいろな動きを試す

25ページのきほんの動きや、このページの応用の動き（ななめやカーブ）を取り入れて、いろいろなプログラムを試してみよう。

どんなプログラムにする?

- ●①離陸→②50cm右へいく→③右にちゅう返り
  →④100cm左へいく→⑤左へちゅう返り
  →⑥50cm右へいく→⑦うしろにちゅう返り→⑧着陸

```
10 ?""
110 ?"FP QR 50"
120 ?"FP QFL R"
130 ?"FP QL 100"
140 ?"FP QFL L"
150 ?"FP QR 50"
160 ?"FP QFL B"
170 ?"FP QRUN"
RUN
```

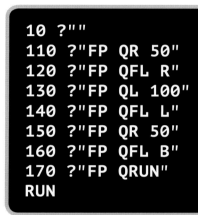

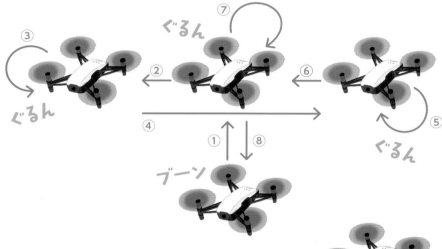

- ●①離陸→②100cm上へあがる→③カーブしていどう
  →④前にちゅう返り→⑤着陸

```
10 ?""
110 ?"FP QU 100"
120 ?"FP QC 20 50 0 60 60 0 50"
130 ?"FP QFL F"
140 ?"FP QRUN"
RUN
```

下の「応用のコマンド」を使ったプログラムだよ。

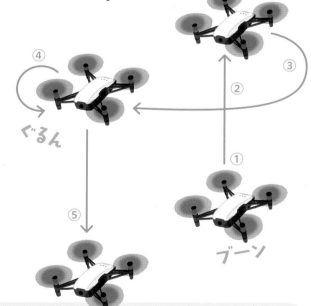

\ こんなこともできるよ！ /

応用のコマンド（命令）

?"FP QG 50 50 50 50"
前後 左右 上下 速度
ななめ左上に（前に50cm、左に50cm、上に50cmの位置へ）速度50でいどうする

?"FP QC 20 50 0 60 60 0 50"
前後 左右 上下 前後 左右 上下 速度
左にカーブして（前に20cm、左に50cmの位置を通って、前に60cm、左に60cmの位置へ）速度50でいどうする

---

26 🔊 指導のアドバイス　Telloのバッテリーを充電するときは、バッテリーを入れたままの本体にUSBケーブル、ACアダプタをつないでコンセントにさす。バッテリー残量が少ないと正しく動作しないため、交換用バッテリーも用意しておくとよい。

2 自分たちのプログラムを作る

グループでそうだんして、プログラムを工夫しよう。
作ったプログラムはすぐに実行して、うまく
いかない動きがあればプログラムを直そう。

足の間をくぐって
低く飛ばすことは
できないかな？

おもしろ
そう！

最後はやっぱり
ちゅう返り
させたいよね

ゆかから
何cm くらいの
高さを飛ばすと
いいかな？

ドローンは自然の
えいきょうをうけやすく、
プログラムどおりに
飛ばないことも、よくあるよ。
トラブルもふくめて楽しもう！

※ Tello を扱うときの注意点 は、巻末を参照ください。

こんなとき、どうする？
1～4はよくあるエラーだよ。
こまったときは、まず●をかくにんしてみよう。

1 モニターに文字が表示されない
●IchigoDakeを一度ぬいて、さし直してみよう。
●DakeJacket、FruitPunchのスイッチは入っている？

2 プログラムを直したのに直っていない
●直した行にカーソルを置き、「Enter」をおした？
●直したあと、もう一度「SAVE」でほぞんした？

3 「error」と表示され、Telloが動かない
●Telloのバッテリーは十分にある？
●記号や、大文字・小文字がまちがっていない？
●大きすぎる数字や急すぎるカーブなどの命令が
　入っていない？（数字を見直してみよう）

4 Telloが空中に止まったまま動かない
●Telloは30cmより低い位置を飛べないよ。高
　度をかくにんしてみよう。
●風のえいきょうを受けやすい場所ではない？
　（風や気流があって機体が安定しないと、プロ
　グラムを実行できないことがあるよ）

「error」になっても、
すぐにあきらめず、
どこがいけないか
原因をさがすことが
大切なんだね

5〜6コマ目　グループで発表しよう

3〜4コマ目で作ったプログラムを、グループごとに
みんなの前で発表しよう。

1 プログラムをかくにんする

前の時間に作ったプログラムを実行し、うまく
いかない部分があればプログラムを直す。

うまく
飛ぶかな？

前回ほぞんした
プログラムを表示して、
実行してみよう！

2 グループごとに発表する

じゅんびができたら、グループごとに前に出て Tello を飛ばす。
発表のあとは、ほかのグループのプログラムを試したり、
動きを変えたりしてあそぼう。

ぐるん

ブーン

大成功！

おおー！

すごい！

より思いどおりに、そうじゅうできる！

24〜28ページでは、ドローンの動きを決めてから最後に「FP QRUN」でまとめて実行する、初級者向けの「コマンダースタイル」という方法をしょうかいしたけれど、少し上級者向けに「レーサースタイル」という方法もある。より細かい設定ができて、キーボードの矢印キーでそうじゅうするプログラムも組めるよ。

> レーサースタイルは、「何cm」ではなく「何秒間」その動きをするか書くよ！

レーサースタイルの
キーボードそうじゅうのプログラム

キーボードの矢印キーをおすと、Tello がその方向に進むよ！

```
1  'keyboard control
10 ?""
20 S=2                          ← 速度の設定
30 ?"FP INIT":WAIT 30           離陸してから
40 ?"FP TO":WAIT 500  ←         そうさを受け
50 ?"START!"                    つけるまでの
110 K=INKEY()                   時間
120 IF K==10 ?"FP LD":?"FP N":END
130 IF K==UP ?"FP F";S
140 IF K==DOWN ?"FP B";S
150 IF K==LEFT ?"FP L";S
160 IF K==RIGHT ?"FP R";S
170 IF K==SPACE ?"FP N"
180 GOTO 110
RUN
```

キーボードのキーとTelloの動き

| ↑ 前 | ↓ うしろ | スペース 止まる |
| → 右 | ← 左 | Enter 着陸 |

※プログラムを実行してからしばらく待って、モニター画面に"START!"と表示されたら、そうじゅうできるようになる。

※「Enter」キーをおすと着陸し、プログラムが終了する。

> プログラムをかいぞうすれば、上下のいどうやちゅう返りもできるようになるんだって！

> すごい！

> うわー！

この本で使ったツール

この本のあそびに使ったアプリケーションや機材などのツールをしょうかいします。

HackforPlay ➡4〜9ページ

16歳でプログラミングに出会った寺本大輝氏が、4年後の2014年に開発したコンテンツ。プレイヤーが勇者となってステージを進み、モンスターと戦ってプリンセスを助けます。モンスターをたおすこうげき力を手に入れる方法は、「魔道書」に書かれたプログラムを自分で書きかえること。ゲームを攻略しながら、子どもたちは自然にプログラミングの力を身につけ、テキストプログラミング言語（JavaScript）にも慣れることができます。

Webサイト https://www.hackforplay.xyz/

HackforPlay の Web サイトのトップ画面。見本のゲームをクリアしたら、オリジナルゲーム作りにもチャレンジを。Web サイト上でゲームを共有してあそべる。

micro:bit ➡10〜21ページ

イギリスのBBC（英国放送協会）が自国のコンピューター教育（STEM教育*）のために開発した、子ども向けのマイコンボード（マイクロコンピューター基板）。2017年から日本でも発売され、学校やプログラミング教室、イベントなどで多くの実践が行われています。インターネットにつながる環境があれば、Web上でプログラミングしてLEDを光らせたり、センサーを使ってあそんだり、さまざまなアイデアを実現することができます。

Webサイト https://microbit.org/ja/

購入先 https://switch-education.com/

* STEM 教育：Science（科学）、Technology（技術）、Engineering（工学）、Mathematics（数学）を総合的に学習する教育。そこへ Art（芸術）の分野を加えた STEAM 教育の重要性が高まっている。

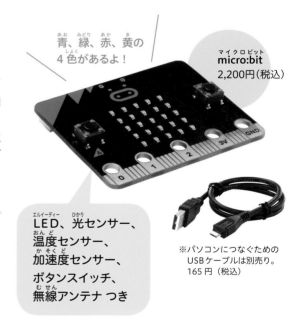

青、緑、赤、黄の4色があるよ！

micro:bit
2,200円（税込）

LED、光センサー、温度センサー、加速度センサー、ボタンスイッチ、無線アンテナ つき

※パソコンにつなぐためのUSBケーブルは別売り。165 円（税込）

micro:bit のへんしゅう画面。Microsoft が開発した MakeCode というプログラミング環境で、ブロックを組み合わせてプログラムを作る。テキスト言語 JavaScript に切りかえて使うこともできる。

ブロックか JavaScript かを選んでプログラムを作る

〈別売りの電池ボックスなど〉※電池は別途用意する。

バングルモジュール
1,870円（税込）
※ボタン電池を入れ、micro:bit にネジで取りつけて使う。

電池ボックス
440円（税込）
※単4電池2本用。

※ 30〜32 ページの使用ツールの製品の定価・仕様は、2019 年 12 月現在のものです。

〈13～15、18～21ページで使ったキット〉

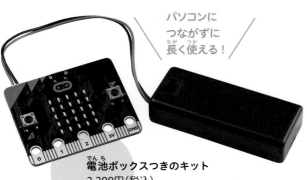

パソコンに
つながずに
長く使える！

電池ボックスつきのキット
3,300円（税込）
※単4電池2本は別途用意する。

手首につけて
使えるよ。
ボタン電池だから
コンパクト！

バングルモジュールつきのキット
4,400円（税込）
※テスト用ボタン電池つき。

micro:bit 本体、
USB ケーブル つき

micro:bit の
タッチセンサーを
使った工作に
大かつやく！

ワニ口クリップ（5本入り）
440円（税込）

バングルモジュールは
スピーカーつきで
音も鳴らせるから、
いろいろな発明品が
作れちゃう！

〈16～17ページで使ったキット〉

※ micro:bit はすべて別売り。電池は別途用意する。

bitpak:Mimi
4,400円（税込）

「動くネコ耳」が
作れるよ！

「ロボットサッカー」が
作れるよ！

ベーシックモジュールキット
1,650円（税込）

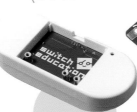

コントローラーキット
2,420円（税込）

電池モジュールキット
1,980円（税込）

「光る剣」が
作れるよ！

どんなものを
作ろうか！？

bitpak:Light
3,850円（税込）

ベーシックモジュール用
ミニカーセット
2,750円（税込）

IchigoDake ／ FruitPunch など ➡22〜29ページ

IchigoDakeは、筆箱に入れたりランドセルに下げたりできる、小さなマイコンボード。プログラミング専用子どもパソコンIchigoJamの中心部分を切り出したもので、キーボードとモニターにつなげてBASIC言語*でプログラミングします。この本では、FruitPunchというネットワークボードを使ってTello（ドローン）と通信し、飛行プログラムを実行します。

Webサイト PCN（プログラミングクラブネットワーク）
https://pcn.club/

* BASIC 言語：コンピューターが 1 行ずつ命令文を読み取りプログラムを実行していく、単純な構造の初心者向けプログラミング言語。

IcigoDake SC
980円（税別）
※丈夫で安価な学校向けのスクールシリーズ。

**IchigoIgai
スクールセット**
7,980円（税別）
※ IchigoDake は別売り。

〈IchigoDakeの機能を広げる基板〉

DakeJacket
2,200円（税込）

FruitPunch
6,580円（税込）

DakeJacket に
FruitPunch を重ねると、
Tello に通信できるよ！

※ 5V が供給できる電源（AC アダプタまたはモバイルバッテリー）は、別途用意する。

機体の底についたセンサーのおかげで、安定した飛行ができる！

Tello ➡22〜29ページ

ドローン最大手の中国企業ＤＪＩとIntelの技術がつまったトイドローン（おもちゃのドローン。値段が数千円〜 2 万円ほどで安く、重さは200ｇ未満のものが多い）。スマートフォンアプリでのかんたんそうさで、写真や動画などのさつえいができます。いくつかのプログラミング言語に対応していて、プログラミング学習にも最適です。

Webサイト https://www.ryzerobotics.com/jp/tello

Tello
12,980円（税込）

・重量……80ｇ
（プロペラとバッテリーふくむ）
・最大飛行きより……100m
・最大飛行高度……30m
・最大飛行時間……13分
・機体、プロペラ、プロペラガード、バッテリー、USBケーブル つき

飛行プログラムを入力中。

Tello が飛ぶと、教室に歓声が上がる。

※本書では IchigoIgai を使わずに、DakeJacket と FruitPunch を使っているが、FruitPunch の数が足りなければ、IchigoIgai でプログラミングしてもよい。作ったプログラムを IchigoDake に保存し、FruitPunch につなげて実行すれば、同じように Tello を飛ばすことができる。

ICT*活用、苦手な先生はどうする？

プログラミングは、コンピューターとのコミュニケーションです。子どもたちが社会の第一線で活躍する時代は、IoT*ど真ん中、AI共生社会です。コンピューターの技術とそれが創り出す情報を適切に活用する力が求められます。学校が子どもの未来に責任をもつ教育を展開する場であるならば、コンピューターを活用した教育を避けていては、学校の使命は果たし得ません。覚悟をもって、コンピューターと向き合ってください。先生方はICT機器が使えないのではなく、これまでは使う必要がないから使わなかっただけです。ICTの操作スキルをちょっと身につけただけで、すぐに活用アイデアがいっぱいひらめきます！

分からなかったらすぐに聞き合って教え合う、教員の同僚性も大事です！

松田 孝先生

はじめに習得すべきことは？

まずはミラーリング操作を覚えてください。先生の情報端末の画面を大型モニターに映し出す操作です。情報端末と大型モニターをつなぐ方法はいくつかありますが、まずは有線で、それができたら無線でつないでみてください。この操作スキルに習熟するだけで、ICT活用の可能性が広がっていきます。どこの学校にもミラーリングができる先生は必ずいますので、その人に恥ずかしがらずに教えてもらってください。その相手が若手教員ならば、校務分掌の仕事を優しく教えて恩返しをすれば信頼関係も深まります。そしてスクリーンショット（範囲指定）の撮り方を覚えて、子どもたちに教えれば、調べ学習やプレゼン資料作成に大いに役立ちます。

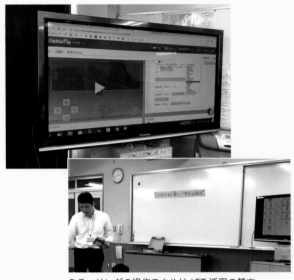

ミラーリングの操作スキルはICT活用の基本。

民間の講師は必要？

民間の講師をプログラミングの授業に招聘し、子どもたちへの指導を丸投げすることはお勧めしません。「主体的・対話的で深い学び」が実現できるのは、学級の子どもたちの状況を把握している教員にしかできないと考えるためです。民間の講師は教員の研修に招聘してください。そしてさまざまなICTスキルやプログラミング技術のレクチャーを受け、それを子どもたちの「学び」にどうつなげていくのか、その実施が子どもたちの資質・能力にどうつながっていくのかを教員同士でしっかりと話し合うことが大切です。

松田先生の前任校、東京都小金井市立前原小学校での研修会の様子。IchigoJamの開発者、福野泰介氏を招き教員がレクチャーを受けた。

子どもと一緒にあそんでみよう！

従来の「教える」授業の考えにしばられず、子どもたちと一緒にコンピューターで「あそんで」みてください。プログラミングを知らないからこそ、新しい「学び」を子どもたちと一緒に創り上げていくことができるのです。「すごい！」「どうやったの？」「もう1回、やって見せて!?」これが授業を創る3つの魔法の言葉です！　コンピューターはその計算力の速さで、人間のやりたいことを50億倍も機能拡張してくれます。そんなコンピューターとお友だちにならない理由はありません。コンピューターにわかる言葉で豊かにコミュニケーションを図って、人間では到底できない振る舞いをコンピューターが実現してくれることを子どもたちと一緒に楽しみましょう。それが、プログラミング授業の第一歩です。

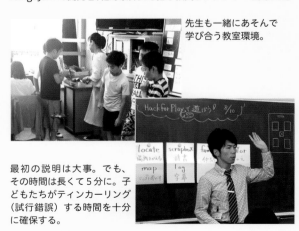

先生も一緒にあそんで学び合う教室環境。

最初の説明は大事。でも、その時間は長くて5分に。子どもたちがティンカーリング（試行錯誤）する時間を十分に確保する。

＊ICT：Information and Communication Technologyの略で、コンピューターやインターネットに関連する情報通信技術のこと。
＊IoT：Internet of Thingsの略で、「モノのインターネット（あらゆるモノがインターネットを通じてつながっている）」という考え方。

授業の組み立て方

この本のあそびを授業で行う際の時間配分のしかたや、先生の指導の方法、授業のアレンジなどを紹介します。

micro:bit で発明品＆無線通信

フィジカルコンピューティング
10〜21ページ

micro:bit のさまざまなセンサーや無線通信の機能を使って、アイデアを形にする。最後はクラス全員で宝をさがすゲームをして盛り上がり、プログラミングを身近なあそびにしよう。

●準備

インターネットにつながる環境で、パソコンからmicro:bitのWebサイトへアクセスを。まずは先生がmicro:bitであそんでみて、プログラムの作り方を知っておく。micro:bitはひとり〜ふたりに1台、電池ボックス、バングルモジュール、ワニ口クリップなどの機材は必要な数準備しておく。

●授業の流れ

1日目（1〜2コマ目）

0分	説明（5分）	
5分	いろいろなプログラムを作る（40分）	
45分	いろいろなプログラムを作る（40分）	
85分	振り返りの時間（5分）	
90分	終わり	

2日目（3〜4コマ目）

0分	説明（5分）	
5分	発明品を作る（40分）	
45分	発明品を作る（40分）	
85分	振り返りの時間（5分）	
90分	終わり	

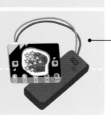

3日目（5〜6コマ目）

0分	説明（5分）	
5分	無線通信であそぶ（20分）	
25分	「宝をさがせ！ゲーム」の準備（20分）	
45分	リハーサル（10分）	
55分	ゲーム本番（30分）	
85分	振り返りの時間（5分）	
90分	終わり	

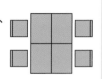

●指導のアドバイス

micro:bitでできることやプログラムの作り方を簡単に説明したら、すぐに実践へ。「わからないことは友だちどうしで教え合おう」と子どもたちに活動を託す。11〜13ページのサンプルプログラムは、教室にはっておくとよい。

おすすめの机配置

4〜5人のグループ席で活動を行うと、友だちどうしで教え合いながら作業しやすい。子どもたちが相談し合っているときは、先生も見守る姿勢で。

まずはLEDを好きな形に光らせたり、文字を表示したりする簡単なプログラムを作る。「ラブメーター」のプログラムに自分たちのアレンジを加えてあそぶと盛り上がる。授業の後半は、光センサーや加速度センサーを使ったプログラムにも挑戦を。Webサイトに紹介されているチュートリアルにも、どんどんチャレンジさせよう。

振り返りの時間はその日の授業の終わりに必ず設ける。子どもたち一人ひとりが、あそびの感想や学んだことなどを書き、それをみんなで共有する。

機材以外の材料（アルミホイル、厚紙など）も、あらかじめ先生が準備しておこう。1〜2コマ目の内容をふまえて、グループごとに作りたいもの（発明品）を考える。作りたいものに合わせてグループに分かれてもよい。

無線通信を使ってできることを紹介したら、まずはみんなであそんでみよう。そのあと、「宝をさがせ！ゲーム」のルールをみんなで考えてプログラミングする。

5グループあったら、1グループにつき6分間の制限時間を設けるなど、全員がさがす側になれるように時間配分をするとよい。

IchigoDake でドローンを飛ばす

フィジカルコンピューティング 22〜29ページ

1、2巻でも紹介してきた小さなコンピューター IchigoDake を使って、いよいよドローン（Tello）のプログラミングに挑戦！ リアルな空間では、環境に影響されてプログラム通りにいかないことがよくある。そのことを知り、試行錯誤をふくめて活動を楽しもう。

●準備

Tello を購入後はじめて使うときは、専用のアプリをダウンロードして初期化する必要がある。パソコンやスマートフォンなどであらかじめ設定しておこう。Tello のバッテリーは十分に充電し、予備のバッテリーも用意しておくとよい。

●授業の流れ

1日目（1〜2コマ目）

0分	説明・準備（10分）
10分	WiFiへ接続する（10分）
20分	Telloを飛ばす（25分）
45分	Telloを飛ばす（40分）
85分	振り返りの時間（5分）
90分	終わり

2日目（3〜4コマ目）

0分	説明（5分）
5分	いろいろな動きを試す（40分）
45分	自分たちのプログラムを作る（40分）
85分	振り返りの時間（5分）
90分	終わり

3日目（5〜6コマ目）

0分	説明（5分）
5分	リハーサル（20分）
25分	発表（20分）
45分	発表（20分）
65分	自由時間（20分）
85分	振り返りの時間（5分）
90分	終わり

●指導のアドバイス

WiFiへの接続はみんなで一斉に行うとよい。うまくできない子がいたら、「WiFiナンバーを打ちまちがえていないか」「Telloの電源が切れていないか」など確認を。

「離陸→着陸」「宙返り」の見本を見せて盛り上がったところで、「さあ、自分たちでやってみよう！」と、子どもたちに活動を託す。基本のコマンド（25ページ）の表を各自に配布し、好きな動きを試せるようにするとよい。

ぐるん

1〜2コマ目の活動を振り返りながら、少し長いプログラム作りに挑戦する。室内であっても、ちょっとした気流の影響で機体が安定せず、うまく動作しないことがよくある。バーチャル上では計画通りいくことも、リアルな空間だとなかなか思い通りにならないことを知らせ、みんなで試行錯誤することを楽しめるとよい。

3〜4コマ目で作ったプログラムを、グループごとに発表する。「練習ではうまくいったのに、発表当日うまく動作しない！」「保存したはずのプログラムが出てこない！」といったトラブルにどう対処するか？ うまくいかないときこそチームワークの見せどころであることを伝え、子どもたちの発表を見守る。

ドキ ドキ

監修 松田 孝（まつだ たかし）

東京学芸大学教育学部卒、上越教育大学大学院修士課程修了。東京都公立小学校教諭、指導主事、主任指導主事（指導室長）を経て、2016年4月より東京都小金井市立前原小学校校長に就任。2018年からは早稲田大学大学院教育学研究科博士後期課程にも在籍。2019年3月に退職し、同年4月に合同会社MAZDA Incredible Labを設立。情報端末の積極的活用で、100年以上変わらない初等公教育のリデザインを実践・牽引している。

装丁・本文デザイン▶鷹觜麻衣子
イラスト▶上田英津子
撮影▶向村春樹（WILL）
編集▶内野陽子（WILL）、山下美樹
DTP▶小林真美（WILL）

〈協力〉
ハックフォープレイ株式会社（P.4〜9）
株式会社スイッチエデュケーション（P.10〜21）
株式会社ナチュラルスタイル（P.22〜29）
株式会社jig.jp（P.22〜29）
DJI JAPAN 株式会社（P.22〜29）

Telloを扱うときの注意点

この本の絵や写真では、Telloに付属のプロペラガードをつけていませんが、実際に飛行させるときには、安全のために必ず装着してください。危険なことと、壊れる可能性もふまえて、飛行中のプロペラには触らないようにご注意ください。
また、強風などの環境や充電不足などの要因で、プログラム通りに操作できないことがあります。

あわせて読みたい！

第20回 学校図書館出版賞受賞

プログラミングを学ぶ前に読む アルゴリズムえほん 全4巻

監修：松田 孝

アルゴリズムとは『ある目的をかなえるための方法』のことで、プログラミングの土台になるものです。アルゴリズムのさまざまな形を、学校を舞台にした絵本のストーリーや、ゲーム・パズルなどを通して理解します。巻末には指導者向けの授業アドバイスページを掲載しています。

31×22cm　各36ページ　セット定価本体11,200円＋税　ISBN978-4-577-04604-3

❶アイデアはひとつじゃない！〜アルゴリズムって、こういうもの〜
❷ならべかえたり、さがしたり！〜よくつかうアルゴリズム〜
❸フローチャートで、みらいをえがけ！〜アルゴリズムのきほんの形〜
❹あそべるアルゴリズム！！

考える力・問題を解決する力・ダイナミックに自分を表現する力が身につく！

プログラミングえほん 全4巻

監修：松田 孝

「アルゴリズムえほん」で登場した3きょうだいにロボットが仲間入りし、プログラミングを理解する楽しいストーリーを展開します。ロボットに手伝いをしてもらうため、目的と方法を決めてプログラムを考えます。また、学校を舞台に無線通信を使った宝探しも！　巻末には指導者向けに授業実践例を掲載しています。

31×23cm　各32ページ　セット定価本体11,200円＋税　ISBN978-4-577-04748-4

❶プログラミングって、なんだろう？
❷プログラミングでできること、できないこと
❸プログラミングにちょうせん！
❹みんなでプログラミング！

文部科学省「プログラミング教育の手引き」C分類に対応

プログラミングであそぶ！❸
6コマ授業で　ぐんぐんできるプログラミング

2020年2月　初版第1刷発行

発行者　飯田聡彦
発行所　株式会社フレーベル館
　　　　〒113-8611 東京都文京区本駒込6-14-9
　　　　電話　営業 03-5395-6613　編集 03-5395-6605
　　　　振替口座　00190-2-19640

印刷所　凸版印刷株式会社

© フレーベル館 2020　Printed in Japan
フレーベル館ホームページ https://www.froebel-kan.co.jp
乱丁・落丁本はおとりかえいたします。

禁無断転載・複写
ISBN 978-4-577-04803-0
36p ／ 31 × 22cm ／ NDC007

STEAM 教育の第一歩。
楽しくあそんで未来をつかむ授業アイデア満載！

プログラミングであそぶ！

全 **3** 巻

監修
松田 孝
MAZDA Incredible Lab 代表／東京都小金井市立前原小学校 前校長

1

1コマ2コマ授業で
たちまちできる プログラミング

アンプラグド
おりがみ、トランプあそび
ミニロボット Ozobot を走らせる

バーチャル
ゲームであそぶ Hour of Code
Viscuit でオリジナルゲーム作り

フィジカルコンピューティング
IchigoDake で LED を光らせる

2

4コマ授業で
みるみるできる プログラミング

バーチャル
ブロックプログラミングであそぶ Scratch
Minecraft で自分ワールドを組み立てる

フィジカルコンピューティング
ピョンキーでセンサーゲーム
IchigoDake でロボットを走らせる
アーテックロボでアイデアを形にする

3

6コマ授業で
ぐんぐんできる プログラミング

バーチャル
テキスト言語であそぶ HackforPlay

フィジカルコンピューティング
micro:bit で無線通信
IchigoDake でドローンを飛ばす

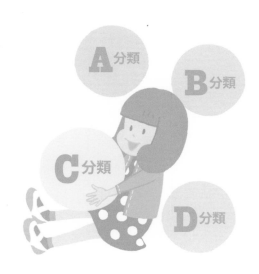

A 分類
B 分類
C 分類
D 分類